ARBEITSGEMEINSCHAFT FÜR FORSCHUNG
DES LANDES NORDRHEIN-WESTFALEN

SONDERHEFT

SONDERSITZUNG
AM 3. JULI 1951
IN DÜSSELDORF

ARBEITSGEMEINSCHAFT FÜR FORSCHUNG
DES LANDES NORDRHEIN-WESTFALEN

SONDERHEFT

KARL ARNOLD

HERMANN SCHENCK

LEO BRANDT

Wege und Ziele der Forschung in Nordrhein-Westfalen

Drei Vorträge
gehalten anläßlich eines parlamentarischen Abends
des Ministerpräsidenten Karl Arnold
gemeinsam mit dem Stifterverband für die Deutsche Wissenschaft und der
Arbeitsgemeinschaft für Forschung des Landes Nordrhein-Westfalen

KARL ARNOLD
HERMANN SCHENCK
LEO BRANDT

Wege und Ziele der Forschung in Nordrhein-Westfalen

Drei Vorträge
gehalten anläßlich eines parlamentarischen Abends
des Ministerpräsidenten Karl Arnold
gemeinsam mit dem Stifterverband für die Deutsche Wissenschaft und der
Arbeitsgemeinschaft für Forschung des Landes Nordrhein-Westfalen

WESTDEUTSCHER VERLAG · OPLADEN

ISBN 978-3-531-08000-0   ISBN 978-3-322-89748-0 (eBook)
DOI 10.1007/978-3-322-89748-0

Gesamtherstellung: Westdeutscher Verlag GmbH

Inhalt

Forschung und wirtschaftlicher Wiederaufbau

Ansprache des Ministerpräsidenten *Karl Arnold*

Meine sehr verehrten Damen und Herren!

Ich bin Ihnen dankbar, daß Sie der Einladung, die gemeinsam vom Deutschen Stifterverband, der Arbeitsgemeinschaft für Forschung und von der Landesregierung ergangen ist, Folge geleistet haben. Dadurch ist Gelegenheit gegeben, mit Mitgliedern des Parlamentes, Vertretern der Wissenschaft, der Wirtschaft und der Gewerkschaften Fragen zu erörtern, die den derzeitigen Stand, die Bedeutung und die Ausweitung der deutschen Forschung betreffen.

Nordrhein-Westfalen, das Kernland der deutschen Industrie, ist sich der Bedeutung der wissenschaftlichen Forschung bewußt, weil sich in unseren großen Werken die Ergebnisse naturwissenschaftlicher und technischer Forschung in der Auswirkung auf Betrieb und Wirtschaft besonders offenbaren. Parlament und Landesregierung bekunden ihr Interesse an diesen Aufgaben nicht nur dadurch, daß das Land die unmittelbare Fürsorge für angesehene Hochschulen trägt, sondern auch für wesentliche Einrichtungen der so bedeutsamen Max-Planck-Gesellschaft einsteht. Unser Landesparlament steht den Problemen der Zukunft deutscher Forschung mit Aufgeschlossenheit und Verständnis gegenüber, und bei allen Fraktionen wird in steigendem Maße der Zusammenhang erkannt, der zwischen Forschung und Sicherung der wirtschaftlichen Existenz unseres Volkes besteht.

Deutsche Forschung war zwischen Mitte und Ende des vorigen Jahrhunderts ein leuchtender Begriff für die ganze Welt. Auf allen Gebieten, insbesondere aber in dem Bereich der Naturwissenschaften, regte sich der Geist zu systematischer Erkenntniserarbeitung und in rascher Folge zeigte sich die praktische Anwendbarkeit der gewonnenen Erkenntnisse. Welch glanzvolle Etappenfolge naturwissenschaftlicher Tätigkeit war es, wenn wir den kurzen Schritt verfolgen, der von Gauss und Ohm zu Werner von Siemens und damit zu dem kraftvollen Entstehen der deutschen Elektrotechnik, von Koch und Behring zur durchgreifenden Seuchenbekämpfung, von Liebig und Bunsen zur industriellen Chemie, von Runge und A. F. Hoffmann zur Farbenchemie und von Hertz und Röntgen zur breitesten Anwendung der elektromagnetischen Welle geführt hat. Diese Entwicklung führte dazu, daß bei den Universitäten naturwissenschaftliche Lehrstühle errichtet wurden. In Preußen war es vor allem Althoff, der keine Mühe scheute, um den besten deutschen Forschern Institute für gute wissenschaftliche Arbeit zu gründen. Die Technischen Hochschulen entstanden aus polytechnischen Schulen und der Staat zögerte nicht, seinen fördernden Einfluß auf diese Entwicklung geltend zu machen.

Aber meine Damen und Herren, der Entwicklung des industriellen Zeitalters, das vor etwa 100 Jahren begann, folgte ein solcher Aufstieg und eine solche Verbreiterung, daß sich die Maßstäbe sehr schnell verschoben. Was noch vor wenigen Jahrzehnten als Höhepunkt galt, kann heute schon unbedeutend sein. Diese schnelle Veränderung der Situation und der Grundlagen von Technik und Industrie ist, wenn man die Entwicklung ganz allgemein betrachtet, eine gewisse Hypothek für diejenigen Völker, die das industrielle Zeitalter eingeleitet haben, in erster Linie England und Deutschland. Denn man kann nicht so schnell den eingelaufenen Gang der Dinge, vorhandene Forschungslaboratorien, industrielle Ausrüstungen und manch andere Einrichtungen kurzerhand ändern. Das aber kann wiederum ein Vorteil für die Völker sein, die erst später, aber mit ganzer Energie mit der Industrialisierung aufgrund neuerer technischer Erkenntnisse und Methoden einsetzen. So konnte sich beispielsweise England, das Mutterland der modernen Industrie, nicht mehr lösen von dem nicht metrischen Maßsystem. Diese geschichtliche Hypothek wird es vorerst weitertragen müssen, gewissermaßen als Tribut für die Jahrzehnte, die es in der Industrialisierung anderen Völkern voraus war.

In Deutschland wurden in dem Jahrzehnt vor dem ersten Weltkrieg gewisse Unzulänglichkeiten in der Arbeitsverteilung und den wissenschaftlichen Einrichtungen der Universitäten und Hochschulen erkannt. Man schuf die Kaiser-Wilhelm-Gesellschaft der Wissenschaften, um neue Möglichkeiten für eine ungestörte und intensive Forschungsarbeit zu erschließen, ohne daß damit eine Verpflichtung zur akademischen Lehre verbunden sein sollte. Die deutsche Industrie griff den Gedanken bereitwillig auf, sie trug und stützte diese Institution, die uns glücklicherweise heute noch als Max-Planck-Gesellschaft erhalten geblieben ist und die ihren Namen zurückführt auf den deutschen Gelehrten, der das Zeitalter der modernen Physik eröffnete.

So entwickelten sich in Deutschland auf immer breiterer Basis die Voraussetzungen, um die naturwissenschaftliche Forschung auf einem hohen Niveau zu halten und sie zu einer fördernden Kraft der deutschen Wirtschaft zu machen. Die deutsche naturwissenschaftliche Forschung und Technik besaß beim Ausbruch des zweiten Weltkrieges unbestreitbaren Weltruf. Aber diese Entwicklung sollte jäh unterbrochen werden. Das, was bei uns bis zum zweiten Weltkrieg entstanden war, unsere Industrieforschung, neuere Institute an Universitäten und Hochschulen, unsere Kaiser-Wilhelm-Institute, wurde durch den Krieg dezimiert oder vernichtet. Personelle und sachliche Schäden von ungeheuerer Tragweite waren die Folge. Darunter als schlimmstes: Tod, Verschleppung oder Auswanderung zahlreicher bester deutscher Forscherpersönlichkeiten. Nachdem die Trümmer weitgehend fortgeräumt sind, nachdem unser wirtschaftliches Leben wieder pulsiert, ist jetzt der Zeitpunkt gekommen, um auch auf dem Gebiete der Forschung wieder Anschluß zu suchen an die übrige Welt. Dabei müssen wir den Grad unserer Anstrengungen, die uns bevorstehen, messen an den Notwendigkeiten, die das Schicksal uns auferlegt hat. Diese sind, und das ist das Bittere an unserer Lage, ungewöhnlich viel härter und schwieriger als bei fast allen anderen Völkern.

Das ist in groben Zügen die Entwicklung in Deutschland. Dabei dürfen wir nicht übersehen, daß schon nach dem ersten Weltkrieg der Grundstein für eine Entwicklung gelegt wurde, die das heutige Kräfteverhältnis in der Welt entschieden hat. Ich meine die stark betonte Hinwendung der Vereinigten Staaten zur naturwissenschaftlichen und technischen Forschung. In jener Zeit wurde alles daran gesetzt, Forscher aus aller Welt, insbesondere auch aus Deutschland, nach den Vereinigten Staaten zu holen, entweder zur festen Ansiedlung oder als Gastprofessoren. Einige der Anwesenden waren in der damaligen Zeit selbst in den Vereinigten Staaten.

Man begann mit der Zweckforschung, erkannte aber bald die große Bedeutung der Grundlagenforschung und stellte diese auf breiteste Basis. In ihrem unverbildeten Gemeinsinn, der sich mit der offenherzigen Behandlung entscheidender Fragen paart, lag den Amerikanern der große Weg von der Grundlagenforschung zur angewandten Forschung und von hier zur technischen Forschung und Entwicklung, zur rationellen Industrieproduktion auf breitester Grundlage offen. Damit war die Entwicklung zum allgemeinen Wohlstand der breiten Massen und zur gewaltigen Machtstellung in der Welt eingeleitet. Diese vorwärtsdrängende Entwicklung haben wir alle recht hart in unserem Leben verspüren müssen. Die Geschwader viermotoriger Bomber, die Armaden von Schiffen und Tanks haben die befangenen und naiven Vorstellungen der sogenannten Staatsmänner des Dritten Reiches zunichte gemacht, die der Meinung waren, das Übergewicht eines einheitlichen amerikanischen Willens durch Goebbelssche Propagandamethoden brechen zu können. Wir können nur von Glück sprechen, daß die Spitzenleistung auf dem Gebiete der Vernichtungsmaschinerie, die Atombombe, nicht auch noch unsere Städte getroffen hat.

Inzwischen geht die Entwicklung weiter, und wir haben alle Veranlassung, unsere Lage klar zu sehen. Bei allen Überlegungen geht es um die Frage: wie die wirtschaftliche Existenz unseres Volkes sichergestellt werden kann. Wir sollten täglich daran denken, daß Deutschland durch eine politische Unvernunft in zwei Teile aufgeteilt ist, daß uns die Kornkammern Ost- und Westpreußens vorerst nicht zur Verfügung stehen, daß nahezu 15 Millionen deutscher Ostvertriebener in Westdeutschland vorläufig Heimat und damit Arbeit, Brot und Wohnung erhalten müssen, und daß in der Bundesrepublik auf engstem Raum mehr als 45 Millionen Menschen leben müssen, und daß die Ernährung der Deutschen in der Bundesrepublik bis zu 40 % vom Ausland eingeführt werden muß.

Wenn wir diese Tatsachen im einzelnen überlegen und uns ihre vielseitigen sozialen und politischen Wirkungen in erschöpfender Weise klar machen, dann erst bekommen wir ein inneres Verhältnis zu den überaus schweren Aufgaben, vor die wir gemeinsam gestellt sind.

Deutschland muß auf den Weltmarkt, d. h. wir haben alle Voraussetzungen zu schaffen, die der Förderung des deutschen industriellen Exportes dienlich sind. Dabei dürfen wir gar nicht übersehen, daß der Absatzraum deutscher Industrieerzeugnisse im Ausland verengt ist, weil die Absatzgebiete in Osteuropa, im Balkan, im fernen Osten ausgefallen sind, und weil in den übrigen Teilen der Welt scharfe Konkurrenz besteht, die auch dadurch verschärft wurde, daß die Industrialisierung auch bei den Völkern der westlichen Welt erhebliche Fortschritte gemacht hat. Deutsche Qualität, schöpferischer Sinn und die wirtschaftlichen Leistungsfähigkeiten werden also den künftigen deutschen Lebensstandard entscheidend bestimmen. Daß wir in stärkster Weise Versäumtes nachholen müssen, könnte durch viele Beispiele belegt werden. Durch den Maschineneinsatz haben es die Amerikaner fertiggebracht, daß ein amerikanischer Farmer 15 Menschen ernährt, wobei im vergleichbaren Maßstab ein deutscher Bauer nur 6 Menschen ernähren kann, weil die landwirtschaftliche Produktion in der Technik erheblich zurückgeblieben ist. Dem deutschen Industrieindex von etwa 135 % steht ein amerikanischer von fast 200 % gegenüber. Welcher Abstand uns von der amerikanischen Produktivität trennt, geht auch aus einer Berechnung hervor, die nachweist, daß ein amerikanischer Arbeiter für einen großen Kraftwagen 1000 Lohnstunden und ein deutscher Arbeiter für das gleiche Fahrzeug 6000 Lohnstunden aufbringen muß. Und wenn man versucht, im Querschnitt ein Fazit zu ziehen, so ist es nach den vorliegenden Untersuchungen wahrscheinlich, daß die Leistung der Industrie pro Mann im Durchschnitt in Amerika mehr als doppelt so hoch ist wie bei uns.

Aus dieser Sachlage möchte ich für heute im Hinblick auf die beschränkte Redezeit nur drei Hauptfolgerungen ziehen:

1. Zwischen Wissenschaft und Wirtschaft muß sachlich und menschlich das beste Einvernehmen hergestellt werden. In der lebendigen Wechselwirkung zwischen Lehre und Praxis liegt ein geistiger Reichtum, den wir trotz unserer Not bis zur Stunde nicht ausreichend aktiviert haben. Die Kriegs- und Nachkriegserfahrungen, die England und Amerika gemacht haben, sollten uns klar machen, welch bedeutsame Ergebnisse durch eine echte Zusammenarbeit gewonnen werden können.

2. Es sind alle Möglichkeiten gewissenhaft zu überprüfen, die geeignet sind, der Forschung die genügende materielle Grundlage zu geben, wenn sie in die Lage versetzt werden soll, das in systematischer Arbeit noch aufzuholen, was wir als Rückstand durch Kriegs- und Nachkriegsfolgen beklagen müssen. Bei diesen Überlegungen darf bei allen Schwierigkeiten der öffentlichen Haushalte nicht übersehen werden, daß es auch ein Sparen gibt, das am Ende sehr teuer ist und sogar zum völligen Bankrott führen kann. Nicht darauf kommt es an, daß Geld ausgegeben wird, damit es nur verzehrt wird, sondern darauf, daß mit der Ausgabe die wirtschaftlichen Lebensvoraussetzungen vermehrt werden. Keinem Bauern würde es einfallen, hochwertiges Saatgut in den Acker zu werfen, wenn er nicht an die schöpferische Vermehrung, die sich in der Ernte vollzieht, glauben würde. „Forschung ist die gerechtfertigte Spekulation auf Wohlstand" sagte kürzlich ein Mitglied der Arbeitsgemeinschaft für Forschung. Es scheint mir nicht allzu schief zu sein, wenn ich die Finanzierung einer solchen Spekulation in ein gewisses Verhältnis zu dem Bauern bringe, der seinen Samen den Kräften der Natur anvertraut.

3. Wir sind als vorläufiges Westdeutschland das einzige Land, das den Begriff „Sozialpartner" kennt. Es ist mir ein Bedürfnis, in dieser Stunde klar zu machen, daß es sich hier nicht um einen technischen, sondern um einen gesellschaftlichen Begriff von tiefer sittlicher und nationaler Bedeutung handelt. In diesem Begriff begegnen sich die lebendigen Kräfte der deutschen Arbeiter- und Unternehmerschaft in einem echten Partnerverhältnis. Ich sage das deshalb: Ohne das gleichberechtigte und schöpferische Zusammenwirken dieser Kräfte besteht keine Hoffnung, unseren Wissenschaften, unserer Wirtschaft und unserem nationalen Leben, unter dem ich das ungeteilte Deutschland verstehe, die Zukunft zu sichern.

Deshalb mein Aufruf für die Zusammenarbeit. Was wir in Deutschland brauchen, ist nicht eine Normung im geistigen Einheitsstil, sondern das Hinwirken der Vielfalt zur schöpferischen Harmonie. Und so gilt mein Dank den Herren Abgeordneten, dem Deutschen Stifterverband, der Arbeitsgemeinschaft für Forschung, den Vertretern der Wirtschaft und den Gewerkschaften und allen unseren verehrten Gästen.

Probleme und Brennpunkte der Forschung
in Nordrhein-Westfalen

Von Professor Dr.-Ing. *Hermann Schenck*, Aachen

Herr Ministerpräsident! Meine Damen und Herren!

Der Anregung, vor den Vertretern unseres Landes einige Gedanken zur Forschung auszubreiten, bin ich mit gewissen Bedenken gefolgt. Angesichts der ehrenvollen Aufgabe, in diesem Augenblick die Forscher und Wissenschaftler des Landes Nordrhein-Westfalen zu repräsentieren, muß ich nämlich ehrlicherweise bekennen, daß ich Zweifel habe, ob mein Spezialgebiet, das Eisenhüttenwesen, überhaupt als eine Wissenschaft anzusehen ist; sie ist wohl vielmehr typisch eine jener technischen Disziplinen, die davon leben, daß sie ihre Nahrung wohl aus allen Zweigen der Wissenschaft, der Naturwissenschaften natürlich in erster Linie, aber auch aus den Wirtschaftswissenschaften saugen müssen, wenn sie zur Blüte kommen sollen und wenn diese Blüte durch Vermittlung des industriellen Lebens für den Wohlstand unseres Volkes Frucht tragen soll. Banal gesagt, liegt es also in der Natur der Sache, daß die technischen Wissenschaften, sofern sie nicht als Sondergebiete einer der Grundwissenschaften Physik, Mathematik oder Chemie zu betrachten sind (wie z. B. gewisse Zweige der Elektrotechnik), Beute- und Raubzüge in den gesamten Bereich der Wissenschaften ausführen müssen, was sie nur dann erfolgreich können, wenn sie – um in der Sprache zu bleiben – „mit der Örtlichkeit wohlvertraut sind", und wenn sie auf der anderen Seite durch ständigen Kontakt mit dem Leben der Technik für die Probleme der Industrie und der Wirtschaft aufgeschlossen bleiben.

Sie werden sich daher vorstellen können, daß die Idee des Herrn Ministerpräsidenten, die Wissenschaftler und Forscher unseres Landes in der Arbeitsgemeinschaft für Forschung allmonatlich miteinander in engen Kontakt und in Gedankenaustausch zu bringen, von der Seite meiner Kollegen her als eine wertvolle Hilfe gewürdigt wird. Und wenn ich wohl mit Recht annehmen darf, daß auch die reinen und exakten Wissenschaftler unseres Kreises bei der näheren Berührung mit technischen Problemen Parallelen erkennen oder Hinweise bekommen können, die ihr Interesse erregen, so denke ich, daß dieser Kreis dem Herrn Ministerpräsidenten für die Bildung und Förderung der Arbeitsgemeinschaft Dank schuldet. Und ich glaube den Beifall meiner

Kollegen zu finden, wenn ich gerade an dieser Stelle die erste Gelegenheit wahrnehme, diesem Dank Ausdruck zu verleihen.

Meine Damen und Herren! Aus den Ausführungen des Herrn Ministerpräsidenten klang es schon heraus, daß es die Not ist, die uns gar keinen anderen Weg läßt, als die Forschung einzusetzen, wenn sich unser Volk überhaupt wieder so weit erheben soll, daß es von den anderen als ein Partner betrachtet wird, der im Austausch der geistigen und wirtschaftlichen Güter gleichwertig ist. Und so sei es gestattet, die Schicksalsgemeinschaft dieses Volkes einmal als ein großes Wirtschaftsgebilde – sagen wir als einen Konzern – zu betrachten, der Maßnahmen zu seiner Sanierung sucht. Dann wird der Mann, dem diese Aufgabe übertragen wird, wahrscheinlich drei wichtige Grundsätze formulieren und sie zur Richtschnur seiner Sanierungspolitik machen, nämlich:

1. die Senkung des unproduktiven Aufwandes,
2. die Eroberung des Marktes,
3. die Sicherung von Stoff und Energie.

Diese Grundsätze gelten auch für jeden der vielen Bereiche, in die man das große Wirtschaftsgebilde aufgliedern kann: die Landwirtschaft, die Schwerindustrie, die chemische und Textilindustrie und die Vielzahl der anderen technisch-gewerblichen Unternehmungen. Alle diese Grundsätze lassen sich nicht so scharf voneinander abgrenzen, wie sie formuliert wurden; der eine kann den anderen unterstützen; er kann ihm auch widersprechen und immer wird es notwendig sein, die optimalen Bedingungen zur Erreichung des Zieles herauszuarbeiten. Außerdem begreifen sie in sich wieder eine Unzahl von Einzelrichtlinien, die wir unter den Schlagworten: Sparen, Rationalisierung, Verlustquellen, Qualitätssicherung, zweckmäßige Investierungen, Termingestaltung und vielen anderen alle in die Sanierungspolitik einspannen.

Schon ein oberflächlicher Einblick in die Statistiken und Verlustrechnungen legt die Posten offen, wo außerordentlich große Verluste an Volksvermögen durch Forschungsarbeit bekämpft werden können: Wenn wir feststellen müssen, daß die Bergschäden über Tage auf den Zechen jährlich mit 100 Millionen DM abgegolten werden müssen und daß sich zu diesen noch 300 bis 400 Millionen DM gesellen, die für Schäden unter Tage aufzuwenden sind, dann ist es evident, daß Verluste dieser Art von $^1/_2$ Milliarde DM jährlich eine große Aufgabe für einen berufenen Fachmann der Bergschadenskunde darstellen, für die Forschungsmittel ausgeworfen werden sollten, welche sicher gut angebracht sind. Sie sind übrigens sehr bescheiden, denn sie bestehen zunächst nur aus der Ergänzung des Instrumentariums und der

Honorierung einer Gruppe gut ausgebildeter Diplomingenieure des Markscheidewesens.

In noch höheren Zahlenbereichen erscheinen die Verluste durch den Ausfall an menschlicher Arbeitskraft infolge Erkältungskrankheiten, Vitaminmangel und viele andere Mangelerscheinungen, die im einzelnen vielleicht nicht bedrohlich sind, die aber unsere Volkswirtschaft mit vielen 100 Millionen DM jährlich belasten. Die Ausgaben für Forschungsarbeiten über Vitamine und Antibiotika stehen in gar keinem Verhältnis zu dem Nutzen, der aus ihnen erwachsen wird.

Ein ganz bedeutender Verlustposten in unseren Bilanzen ist der Verschleiß, für den ich als Beispiel nur das Abfahren der Schienen und Radsätze bei der Bundesbahn und den vielen kommunalen oder privaten Schienenbahnen nennen möchte. Der Aufwand für den Ersatz verschlissener Verkehrseinrichtungen beläuft sich schon in kleineren und mittleren Städten auf 10 000 bis 50 000 DM im Jahr; wenn wir solche Zahlen auf das Bundesgebiet übertragen und auch noch andere ähnliche technische Gebiete hineinnehmen, dann wird man schnell in die Größenordnung mehrerer 100 Millionen DM hineinkommen. Eine wirksame Abhilfe ist hier wohl von der Auftragsschweißung zu erwarten. Man macht sich begründete Hoffnungen, die Kosten für Verschleiß dieser Art auf $^1/_3$ herunterzudrücken, wenn die abgefahrenen Materialschichten wieder neu und möglichst in verschleißfesterer Qualität aufgetragen werden können. Das hier durch Forschungsarbeit zu lösende Problem ist übrigens weniger die Materialfrage als die induktive Erhitzung des Grundwerkstoffes und hierbei die Gestaltung der Induktionsspulen.

Wenn wir hören, daß bei der Verbrennung der Kohle die chemische Reaktion keineswegs so vollständig ist, daß sie uns wirklich den maximalen Nutzen liefert, die in unserem wertvollsten Grundstoff enthalten ist, so sollte man der Wissenschaft den Auftrag und die Möglichkeit geben, diese Vorgänge bald und gründlich aufzuklären. Denn 80% unserer Kohle werden noch verbrannt, d. h. also durch einen Prozeß vernichtet, der den Wert dieses Stoffes nur höchst unvollkommen in Erscheinung treten läßt, und wenn es gelingt, den Verbrennungsprozeß nur um 5% zu verbessern, so würden uns viele Millionen Tonnen Kohle mehr zur Verfügung stehen. Die Wissenschaft erkennt schon klar die Ansatzpunkte und Wege, die jedoch ohne einen erheblichen Aufwand an Forschungsarbeit nicht beschritten werden können.

Sie sehen, meine Damen und Herren, daß wir hier schon in den dritten Grundsatz hineinkommen, die Sicherung der Stoffe und Energien, aber auch der zweite Grundsatz wird schon berührt, denn bessere Verbrennung bedeutet Senkung der Brennstoffkosten und damit eine wesentliche Voraussetzung für die Eroberung des Marktes, d. h. für uns die Förderung des Exports. Es ist klar, daß dieses Ziel für uns wie für alle Wettbewerber auf dem internationalen Markt an die Bedingung gebunden ist, billig zu produzieren, schnell zu liefern und uns auf die Wünsche unserer Kunden eher einzustellen als unsere Konkurrenten, ja diese Wünsche schon eher festzustellen und sie womöglich zu beeinflussen und zu lenken. Unsere Kaufleute sind sich klar über die Wichtigkeit und Richtigkeit solcher Gedanken; aber den schöpferisch produzierenden Kräften ist es überlassen, diese Notwendigkeiten durch ständige Entwicklungs-, Forschungs- und Rationalisierungsarbeit zu verwirklichen.

Neben Kohle, Eisen, Chemie und Landwirtschaft spielt die Textilindustrie in unserem Lande eine hervorragende Rolle und der gerade für sie so wichtige Export stellt hier besonders schwierige Aufgaben. Denn diese Art von Konsumgütern ist dadurch gekennzeichnet, daß sie stark dem Geschmack unterworfen ist. Da nun hier insbesondere die Frau als Konsument auftritt, so können wir mit dem Kollegen Weltzien feststellen, daß der Wandel des Geschmacks nicht gerade nach logischen Gesichtspunkten vorauszubestimmen sei. Eine gewisse Sprunghaftigkeit, so charmant sie im einzelnen Falle auch sein kann, stellt diese Industrie oft vor die Notwendigkeit, sich auf plötzliche und eigenwillige Wünsche umzustellen, wenn sie nicht aus dem Geschäft herauskommen soll. So trat plötzlich der Wunsch nach einer wolleähnlichen Beschaffenheit von Kunstfasergeweben auf und stellte damit die Hersteller der synthetischen Faser vor ein neues Problem, das nun wohl gelöst ist. Neben den Wünschen des Geschmacks stehen natürlich die Forderungen an die Qualität, z. B. nach Knitterechtheit, Tragfähigkeit, geringster Schrumpfung beim Anfeuchten und Trocknen u. a. Das Studium der Zustandsänderung der Fasern, die auch bei vollsynthetischen Erzeugnissen von Bedeutung ist, wird erfahrungsgemäß wesentlich beschleunigt und erleichtert, wenn man hier auf die Grundlagen der hochmolekularen Chemie zurückgeht. Die Grundlagenforschung ist unmittelbar dazu berufen, unserer Textilindustrie die führende Stellung wieder zu erobern.

Wenn sich an diesem Beispiel zeigte, daß es zur Frage der Forschung wird, ob ein Industriezweig überhaupt in der Lage ist, bestimmte Erzeugnisse mit gewünschten Eigenschaften auf den Markt zu bringen, die andere ausländische Wettbewerber mit Sicherheit fabrizieren können, so ist es in der Mehrzahl die Frage des Preises, die die entscheidende Rolle im Wettbewerb spielt. Sie kennen alle jenes berühmte Zahlenbeispiel, wonach 1 kg Eisen im Erz 3 Dpf. kostet, wie sich diese Kosten erhöhen, wenn die Verarbeitung fortschreitet: z.B. 13 Dpf. für das kg Roheisen, auf 26 Dpf. für den Rohstahlknüppel und wie schließlich für die Produkte einer weitgehenden Verarbeitung, z. B. für feine Druckfedern Preise von 156 DM je kg Metall erreicht werden. Die Kostensteigerung beruht nur auf den unteren Stufen noch wesentlich auf dem Verbrauch großer Mengen von Brennstoff und Energie. Je weiter die Verarbeitung fortschreitet, desto mehr bestimmt die Technik der Fertigung den Kostenzuwachs, indem dann die Löhne und die Abschreibung der hohen Investitionen zum maßgebenden Faktor der Kostengestaltung werden. Einmal zeigt dieses Beispiel, wie unvorteilhaft es für uns ist, Rohstoffe, also Kohle und Koks und Halbzeug zu verkaufen, anstatt die Verarbeitung selbst in die Hand zu nehmen; dann aber tritt die Wichtigkeit jeder Art Forschung zutage, die uns in die Lage versetzt, die Kosten der Fabrikation zu senken, und wir erkennen insbesondere die Bedeutung von Entwicklungsarbeiten auf dem Gebiete der Fertigungstechnik. Das Ausland hat uns darin auf vielen Gebieten überholt und mit der Ausgestaltung vieler an sich bekannter Verfahren, z. B. Präzisionsguß, Sinterverfahren, Fließpressen eine beherrschende Stellung erreicht, was uns hohe Lizenzgebühren kostet. Beherrschend auch in der Weise, daß die Schutzrechte des Auslandes u. U. dazu benutzt werden können, uns nach Belieben von gewissen Märkten auszuschließen. Unser Kollege Opitz teilte mit, daß die Geschwindigkeit der spanabhebenden Bearbeitung in Amerika etwa 10fach höher liege als bei uns. Da ist es natürlich kein Wunder, wenn auch die Produktivität des amerikanischen Arbeiters 3–5fach höher ist als die des unserigen. Man versteht aber leicht, daß diese Vervielfachung des Wirkungsgrades auf der Mitwirkung der Maschine beruht. Die Hand, aber auch das Reaktionsvermögen des Menschen ist dem Tempo der Bearbeitungsmaschinen nicht mehr gewachsen; so muß die Automatik herangezogen werden, die ihre Grundlagen in der Verwendung aller Hilfsmittel der Physik, der Elektrotechnik, Getriebetechnik und anderer Wissenschaften sucht, die nun durch Forschungsarbeiten in die Richtung dieser Bedürfnisse ausgeweitet und koordiniert werden müssen.

Die Verformungsgeschwindigkeit gibt übrigens noch ein weiteres Problem auf, denn man weiß, daß die plastische Verformung mit wachsender Verformungsgeschwindigkeit einen immer höheren Widerstand findet. Die gesetzmäßigen Abhängigkeiten in dieser Richtung sind nun zahlenmäßig noch nicht bekannt, so daß man gezwungen ist, im Interesse der Sicherheit die Verformungsmaschinen, z. B. die Walzwerke, wesentlich schwerer zu dimensionieren, als es die Beanspruchung wohl notwendig macht. Das bedeutet Konstruktionen und entsprechende Preise, die das theoretisch Zulässige wahrscheinlich stark überschreiten, und damit die Exportmöglichkeiten für die Maschinenindustrie erschweren. Die in Aachen geplanten Forschungsarbeiten über die Zusammenhänge zwischen Geschwindigkeit und Widerstand der

Formänderung werden voraussichtlich wertvolle Erkenntnisse vermitteln, die ihren Niederschlag in einer Begünstigung der Exportmöglichkeiten unserer Maschinenindustrie finden.

Meine Damen und Herren! Je mehr die Schleier von den Vorgängen gelüftet werden, die sich beim Einmarsch der Sieger abgespielt haben, je mehr offengelegt wird von der Kriegsbeute, die die organisierten amerikanischen Suchverbände – amtliche und private – aus den deutschen Patentakten, Laboratorien und Panzerschränken herausholten, um so klarer wird, welche ungeheuren Werte unsere Forschung angehäuft hatte, um sie im Frieden über den Export zu aktivieren. Die chemische Industrie, die wohl den größten Anteil an Informationen herausgeben mußte, ist nicht durch finanzielle Transaktionen, durch skrupellose Ausbeutungen und Machenschaften zur Weltgeltung gekommen, sondern lediglich durch die unermüdliche Arbeit und den Ideenreichtum ihrer Forscher und die Organisation ihrer Forschung. Das muß einmal gesagt werden, damit auch klargestellt wird, daß wir nicht töricht genug sind, um die wahren Hintergründe der Entflechtungspolitik nicht zu verstehen. Und dann soll noch dazu gesagt werden, daß die Erzeugnisse dieser Industrie uns sicherlich einen großen Devisengewinn gebracht haben, daß sie aber auch in Gestalt der Arzneimittel, Chemikalien, Kunststoffe und vieler anderer für die Gesundheit und das Wohlbefinden großer Teile unseres Erdballs ein Bedürfnis und ein Segen gewesen sind.

Das Unglück ist nun geschehen; wir können uns auch nicht in der engstirnigen Vorstellung wiegen, daß die eroberten Patentschriften und Herstellungsanleitungen nur in deutscher Hand wirklich wirtschaftliches Leben gewinnen könnten. Wir haben keinen Grund, in die Tüchtigkeit unserer ausländischen Kollegen Zweifel zu setzen, zumal ihre Hilfsmittel unvergleichlich viel besser sind als die unseren. Das Kriegsende hat die Waagschalen in der chemischen Industrie ausgeglichen; die souveräne Ruhe, mit der die deutsche im Besitzgefühl eines unermeßlichen Schatzes von Erkenntnissen das Tempo ihrer Entfaltung selbst bestimmen konnte, hat heute keine Grundlage mehr. Die Konkurrenz der Welt hat ihren Lauf von dem Startplatz aus angetreten, den wir im Zeitpunkt eines klaren technisch-wissenschaftlichen und wirtschaftlichen Vorteils für Jahre verlassen mußten. Doch schon scheinen sich da und dort neue Ansätze einer erfreulichen Entwicklung zu bilden; so lesen wir von erfolgreichen deutschen Heilmitteln, die besser oder geeigneter sein sollen als anerkannte fremde: die Zeitungen waren voll des Eigenlobes über neue Stoffe, neue Entwicklungen, die auf der Exportmesse überraschten. Aber es empfiehlt sich doch, scharfe Selbstkritik zu üben und zu fragen, wieweit es sich hier um Ergebnisse von Arbeiten früherer Jahre handelt, die erst nach dem Kriege realisiert werden konnten. Genauso wie die angeblichen großen Erfolge der Wissenschaft in den ersten Jahren des nationalsozialistischen Regimes nur die reifen Früchte eines Baumes waren, der viele Jahre vorher gepflanzt und gepflegt wurde.

Wir tun also besser, uns klarzumachen, daß wir von neuem anfangen müssen, und zwar unter wesentlich ungünstigeren Bedingungen als früher und als die Konkurrenz des Auslandes.

Da wir gerade die chemische Industrie behandeln, so sei auch das Gebiet gestreift, welches alle Welt beschäftigt: Die Kunststoffe, die in ihrer Vielseitigkeit immer mehr auf Verwendungszwecke eingestellt werden, die bisher ganz anderen Stoffen, den Textilien, Metallen, Keramik vorbehalten waren, und diese Umstellung ist durchaus ein Erfolg, sowohl in der Erfüllung spezieller Ansprüche, z. B. auf Wasserdichtigkeit, chemische Widerstandsfähigkeit, für Zwecke der Berufskleidung, der Verpackung, wie auch preislich.

Für das Problem der Formgebung, z. B. für Kleidung aus Kunststoffen, die sich ja nicht nähen lassen, ist nun – über das Schweißverfahren mit erwärmter Luft hinaus – die sogenannte dielektrische Schweißung eingesetzt, eine Forschungsaufgabe, welche man wohl durch industrielles Probieren, wahrscheinlich aber viel schneller und ergiebiger durch die Grundlagenforschung, d. h. hier durch die Messung von Leitfähigkeit und Dielektrizitätskonstanten, lösen kann. Das hat noch den Vorteil, daß man gleichzeitig den Schlüssel zu vielen anderen technischen Problemstellungen findet, also ein Umstand, der die Forschung selbst zu einem in sich ökonomischen Vorgang macht.

Ich möchte diesen Beitrag zur Förderung des Exports durch Forschung abschließen, zumal dieser Tenor auch ungewollt ganz zwangsläufig in allem, was man zur Forschung sagt, weiterklingt.

Meine Damen und Herren! Nun erleben wir in diesem Jahr besonders deutlich, welche Wichtigkeit dem dritten Grundsatz zukommt, den sich der gedachte Mann zur Sanierung unseres gedachten Konzerngebildes als Richtlinie gewählt hat: Die Sicherung der Stoffe und Energien, die laufend in die Unternehmungen hineingepumpt werden müssen, um ihre Leistungsfähigkeit zu erhalten und zu verbessern. Deutschland, Frankreich und viele andere Länder können ihre Fabriken nicht voll betreiben, weil ihre Kohle nicht ausreicht, und England hat aus dem gleichen Grunde den Kohlenexport gesperrt. Die Eisenerze Skandinaviens sind in ähnlicher Weise umworben und der Mangel an vielen anderen Grundstoffen wird durch den Begriff „Rohstoffkommissar" illustriert, dem sich auf der Energieseite der „Lastverteiler" zuordnet. Und so kommen wir zwangsläufig zu der Folgerung, daß der Grundsatz der Sicherung von Stoff und Energie in sich die Notwendigkeit einschließen muß, den Mangel durch Sparsamkeit zu kompensieren und an Stelle verknappter hochwertiger Stoffe die reicheren minderwertigen zu verwenden und mit dieser Aufgabe technisch und wirtschaftlich fertig zu werden.

Auf dem Gebiete des Eisenhüttenwesens hat man diese Arbeiten schon seit Jahren in Angriff genommen; das große Hüttenwerk in Watenstedt war ja zur Verarbeitung der armen Eisenerze in Salzgitter errichtet. Allerdings auf der Grundlage des Ruhrkokses, der damals keinen engen Querschnitt darstellte. Die Lage ist heute wesentlich anders und sehr drängend geworden, und hier scheint nun eine Entwicklung Hilfe bringen zu können, die unter dem Begriff „Niederschachtofen" bekannter geworden ist. Der übliche Hochofen braucht bekanntlich einen besonders guten und festen Koks, da eine Beschickungssäule von 20 m und mehr diesen Brennstoff erst in den unteren Zonen zu Pulver zermalmen müßte, was das Ende des Betriebes bedeutet. In dem Ofen mit niedrigem Schacht entfällt die Druckbelastung, so daß man auch weit weniger gute Kohlesorten zur Verhüttung verwenden kann. Aber die jetzt zu lösende Aufgabe ist die wirtschaftliche Bewältigung des mit dem Luftstickstoff abziehenden hohen Wärmeballastes, der im Hochofen automatisch zur Vorwärmung der Beschickung verbraucht wird. Verschiedene Wege haben sich als gangbar erwiesen: Einmal die Arbeit mit an Sauerstoff angereicherter Luft, der also Stickstoff entzogen wurde, und dann die Verhüttung von Briketts aus Erz und unverkokter Kohle, wobei man nun offensichtlich den Schwel- oder Verkokungsprozeß auf das Hüttenwerk verlagert. Auf diesem Gebiete sind an mehreren Stellen umfangreiche Forschungsarbeiten im Gange, die erhebliche Mittel verschlingen, die aber offenbar doch gut angelegt sind, wenn dadurch die Lage auf dem Brennstoff- und Erzmarkt erleichtert wird. Dabei ist es gar nicht gesagt, daß der Niederschachtofen den Hochofen im Ruhrgebiet verdrängt; die Erleichterung tritt ja schon ein, wenn an anderen Stellen in Europa der Koksbedarf nachläßt bzw. nicht neu auftritt. Und da sich heute viele Länder mit schlechten Erzen und schlechten Brennstoffen auf die Basis einer eigenen Hüttenindustrie stellen wollen, versprechen sich die Entwicklungsfirmen des Niederschachtofens ein gutes Exportgeschäft.

Ein Impuls zur Beschäftigung mit dem Niederschachtproblem war übrigens auch die Tatsache, daß der Preis für Sauerstoff durch die Entwicklung großer Aggregate genügend gesenkt werden konnte, um ihn für Zwecke der Hüttenwerke einsetzen zu können. Das geschieht heute in ganz großem Maße, insbesondere in den Stahlwerken, wo man eine bemerkenswerte Steigerung der Leistung und damit auch der Erzeugungshöhe und der Qualität erzielt hat. Das Bild ist noch nicht ganz abgeschlossen und verlangt noch Forschungsarbeit, um unter den vielen Variationsmöglichkeiten die wirtschaftlich und technisch besten herauszusondern.

Wie nun der Austausch der Gedanken geradezu als Initialzündung für das Entstehen neuer technischer Ideen wirksam zu sein pflegt, so scheint sich auch hier die Möglichkeit abzuzeichnen, das Verflüssigungsverfahren zur Sauerstoffanreicherung der Luft durch ein weiteres Verfahren zu ergänzen, welches auf dem Prinzip der Thermodiffusion beruht. Diese wurde bisher nur für die hochwissenschaftlichen Zwecke der Isotopentrennung eingesetzt; aber die Erforschung dieser Methode unter Berücksichtigung strömungstechnischer Gedankengänge kann zu einer Bereicherung der Gastrennungstechnik führen.

Wenn ich nun noch zwei weitere Beispiele aus meinem Fachgebiet nennen darf, deren Erforschung schon jetzt sehr gute Erfolge hinsichtlich der Einsparung von Stoff und Energie zeigt, so ist dies einmal der Strangguß, d. h. das kontinuierliche Überführen von flüssigem Stahl in die Gestalt festen Halbzeugs. Der Vorgang wird so gelenkt, daß der bei der fortschreitenden Erstarrung entstehende Schwindungshohlraum kontinuierlich durch flüssigen Stahl nachgefüllt wird. Bei Verarbeitung normal abgegossener Einzelblöcke tritt ein Materialverlust von etwa 20 % auf, der auf die Auswirkung der Schwindungsvorgänge und die Fußausbildung zurückzuführen ist; der Strangguß kann diesen Verlust auf etwa 3 % herunterdrücken, d. h. mit dem gleichen Energie- und Brennstoffaufwand werden 17 % mehr an brauchbarem Stahl erzeugt. Auch die Tatsache, daß die Verwendung eines Blockwalzwerkes nicht notwendig ist, könnte viele Werke veranlassen, sich mit dem Strangguß eingehender zu befassen.

Das andere Beispiel betrifft die Leistungssteigerung, die man von der Einführung schnellster analytischer Methoden – wahrscheinlich auch in anderen Fabrikationszweigen – zu erwarten hat. Die Maßnahmen zu Beginn und zu Ende des Stahlschmelzprozesses werden bestimmt durch die Kenntnis der Zusammensetzung des Stahls, z. B. durch seinen Gehalt an C, Mn, P und S. Die Untersuchung der aus den Stahlöfen geschöpften, abgekühlten, gepulverten oder gebohrten Stahlproben mit den üblichen analytischen Methoden erfordert immerhin einige Zeit und es ist oft reine Wartezeit, bis das Ergebnis der analytischen Untersuchung zurückkommt. Es mußte daher wie ein elektrischer Funke wirken, als uns in der Arbeitsgemeinschaft für Forschung über die neuen spektrographischen Analysenmethoden der Amerikaner berichtet wurde, bei denen das Stahlpröbchen angefunkt wird in einer Apparatur, die nun das Spektrum des Funkens selbständig und selbsttätig weiterverarbeitet in der Weise, daß der Schmelzer im Stahlwerk 2 Minuten später an einem Zeigerwerk die Zusammensetzung seines Stahles ablesen kann. Ein grandioser Erfolg dieses Verfahrens, dessen Uranfänge mit den Namen der deutschen Gelehrten Kirchhoff und Bunsen verknüpft sind und das nun

durch den wirtschaftlich-technischen Weitblick amerikanischer Forscher so
unmittelbar nützliche Früchte trägt. Denn wenn wir die Zeitersparnis in
einem Siemens-Martin-Stahlwerk, welches monatlich 30 000 Tonnen erzeugt,
nur mit 4 % ansetzen, dann läßt sich die monatliche Ersparnis in Geld auf
etwa 60 000 DM und die Mehrerzeugung bei gleichen Brennstoff- und Ener-
giemengen auf 1200 Tonnen errechnen und dies ohne neue Investitionen für
die Erweiterung des Stahlwerkes.

Das Ziel einer Ersparnis von Stahl kann auch durch verstärkten Einsatz
der Schweißtechnik gelöst werden, das ist ja wohl bekannt, aber doch sind
noch viele Forschungsarbeiten durchzuführen, um diesen Gedanken bei den
Aufgaben zu realisieren, die der Schiffsbau, Brückenbau, Stahlhochbau und
insbesondere die Sektionsbauweise stellen. Die erwartete Ersparnis von Stahl
beläuft sich auf 20 %, eine sicherlich höchst bemerkenswerte Zahl, wenn man
die aus der Stahlknappheit der heutigen Zeit herrührenden Schwierigkeiten
betrachtet.

Und nun die Sicherung der Energie: Nachdem vor kurzem gewisse ein-
schränkende Verbote aufgehoben wurden, tritt das Problem der Gasturbinen
in den Vordergrund, jener hochleistungsfähigen, billig arbeitenden, im Brennstoff weitgehend anspruchslosen und unabhängigen Energiequelle, deren
Entwicklung in der ganzen Welt betrieben wurde und z. T. von deutschen
Forschungskräften, die ihre wertvollen Erfahrungen und guten Köpfe in
einer für unser Land nicht nutzbringenden Weise exportieren mußten. Und
nun erscheint es als vordringliche Aufgabe für unsere eigene Energiewirt-
schaft, für den mittelbaren und unmittelbaren Export dieses Problem in
Angriff zu nehmen, das uns im übrigen auch von dem Dieselöl-Import zu
entlasten vermag.

Es ist klar, daß das Importproblem bei der Sanierung unserer Wirtschaft
eine äußerst wichtige Rolle spielt und daß die Sicherung unseres Energiebedarfes hierauf besondere Rücksicht zu nehmen hat. Angesichts des Um-
fanges, den die Einfuhr von Benzin im Rahmen des Energiebedarfes ein-
nimmt, müssen nun die Überlegungen eine Förderung erfahren, die sich mit
der Erhöhung der Motorenleistung befassen. Es ist bekannt, daß dieses Ziel
durch Erhöhung der Verdichtung erreicht werden kann. Aber hier wird die
Grenze durch die Klopffestigkeit des Kraftstoffs gezogen. Zwar ist es grund-
sätzlich möglich, die Klopffestigkeit durch Erhöhung der Oktanzahl zu verbessern, um so auf die Werte zu kommen, die das Ausland einhält,
doch geht das nur mit teueren Anlagen und mit einer Verminderung des
Ausbringens, d. h. einer Erhöhung der Importkosten. Was auf dem Gebiete
der Treibstofforschung im Auslande geleistet wurde, dürfte in absehbarer
Zeit nicht zu überspielen sein, zumal diese Forschung durch Demontage und

Verlust der Berliner Forschungsinstitute weitgehend zum Erliegen gekommen ist. Nun scheint aber eine neue, in Aachen verfolgte Idee Aussichten zu eröffnen. Es ist die Idee, durch Variation der Gemischbildung den Verbrennungslauf so zu lenken, daß die unseren Benzinsorten anhaftende Klopfgefahr umgangen wird und auch unsere Motoren bei geringerem Verbrauch höhere Leistungen erzielen.

Das große Problem, auch unsere Wissenschaft wieder in die Forschung der Atomenergie einzuschalten, kann ich heute nur mit dem Hinweis berühren, daß wir selbstverständlich auf die Dauer von der Kenntnis und Verwendung dieser Energiequellen für unsere Volkswirtschaft nicht ausgeschlossen bleiben können.

Meine Damen und Herren! Manche von Ihnen werden es mir zum Vorwurf machen, daß ich noch nicht der wichtigsten Energiequelle in unseren Produktionsstätten gedacht habe, die eine besonders sorgfältige Kenntnis und Pflege erfordert; ich meine die menschliche Arbeitskraft. Nun müssen wir uns darüber klar sein, daß bei der Behandlung dieses Komplexes eine ganz neue Einflußgröße hinzutritt: Zu der kritisch wissenschaftlichen Arbeit des Verstandes tritt hier das Herz und verschiebt unumgänglich die Untersuchung auf eine Ebene, die heute nicht berührt werden soll. Und doch müssen wir uns bemühen, auch das Problem des Menschen als Energiequelle einmal aus dem Gefühlsmäßigen herauszupräparieren und ganz klar die Feststellung zu treffen, daß auch er eine Wärmekraftmaschine ist mit all den Gesetzmäßigkeiten, die uns die Thermodynamik liefert, daß er einen Wirkungsgrad hat, den man kennen muß, wenn man seine Leistung verwenden will. Es erscheint mir der Hinweis notwendig, daß unsere Ingenieure, denen in den Werken mit der Leitung der Fabrikationsprozesse zwangsläufig auch die Lenkung der menschlichen Arbeitskraft anvertraut ist, sich ein zahlenmäßiges Bild von den Energiegrößen machen, die sie aus ihren Mitarbeitern herausziehen. Freilich erfordert die Bearbeitung dieses Feldes, der sich das Max-Planck-Institut für Arbeitsphysiologie in Dortmund verschrieben hat, noch einen großen Forschungsaufwand, nicht allein wegen der psychologischen Steuerung der Energieverwendung, sondern schon wegen der Vielfalt der Umweltbedingungen, namentlich in der Schwerindustrie des Ruhrgebietes. Ich erwähne nur den Einfluß von Temperatur und Strahlung in den Hüttenwerken oder von Druck und klimatischen Bedingungen unter Tage.

Darüber hinaus kommt natürlich die medizinische Forschung in jeder Gestalt, die Verlängerung der Lebensdauer und der Arbeitsfähigkeit, die Erforschung der Kampfmittel gegen die großen Volksschäden Tuberkulose und Krebs so stark dem Wunsch aller Menschen nach Sicherheit und Lebensfreude entgegen, daß für ihre Notwendigkeit wohl keine Lanze gebrochen werden muß.

Lassen Sie mich damit den Katalog der Forschungsvorhaben zuschlagen, aus dem ich Ihnen nur einen geringen Teil vorlegen konnte. Vielleicht ist die Bedeutung mancher zu optimistisch gesehen, sicher wurden einige in ihren Entwicklungsmöglichkeiten noch unterbewertet. Aber aus allem erkennen Sie, daß hier in Rheinland-Westfalen eine große Zahl von Männern arbeitet, die sich ernsthafte Gedanken über die Probleme ihrer Fachgebiete machen, aber auch ernste Gedanken, ob und wie die Mittel für ihre Forschung aufgebracht werden können. Es läßt sich ja nicht verhehlen, daß die Möglichkeiten, die notwendigen Mittel aufzubringen, immer geringer geworden sind, daß aber auch der Zusammenbruch zahlreicher Zentren und Interessenten der Forschung den Wirkungsgrad der Forschungsarbeiten mit Notwendigkeit verschlechtern mußte, weil zweifellos infolge unzulänglicher Informationen mehr Parallelarbeit geleistet wird. Die Forschungszentren der früheren großen Konzerne sorgten durch einen vorzüglichen Informationsdienst dafür, daß jedes Problem nur an einem Schwerpunkt bearbeitet wurde. Das geschah selbstverständlich aus wohlverstandener Abneigung gegen Verschwendung und aus der Erkenntnis der ökonomischen Bedeutung einer konzentrierten Forschung. Sie war nicht immer angenehm für den schwächeren Teil, aber wir müssen doch feststellen, daß diese Art einer gewissermaßen großzügigen Selbstsucht der deutschen Wissenschaft und Technik mehr Blut zugeführt hat, als der Egoismus so vieler kleiner Unternehmungen, die sich in dem Bestreben zersplittern, alles unter strenger Geheimhaltung selbst machen zu wollen. Die großen Forschungsstätten der Industrie haben es sich souverän leisten können, die Wissenschaft stets durch wirklich wertvolle Beiträge zur Grundlagenforschung zu bereichern.

Mit dem Auseinanderbrechen der alten Einheiten ist die organisierte Zusammenfassung großer Forschungszweige und damit die frühere Stoßkraft doch sehr in Frage gestellt und es ist schwer, sich vorzustellen, daß das Mäzenatentum der Forschung und Wissenschaft in absehbarer Zeit wieder aufleben kann – dies bei aller Anerkennung der heute so schwierigen und daher doppelt dankenswerten Aufgabe, die sich der Deutsche Stifterverband gestellt hat. – Ungewollt ist der Staat aber der wohl einzige Nutznießer dieser für die Forschung so beklagenswerten Auswirkung. Denn das durch höhere Gewalt betriebene Auflösen der Organschaftsverbindungen ermöglicht ihm den Griff auf die Umsatzsteuer der zwischen den ehemals vereinigten Gesellschaften verkehrenden Güter. Für die Eisenindustrie an der Ruhr macht das in diesem Jahr den Betrag von 37 Millionen DM, bei dessen Vereinnahmung der Herr Finanzminister eigentlich ein schlechtes Gewissen haben müßte – wenn diese Vorstellung erlaubt ist. Man sollte annehmen, daß der Vorschlag einer völligen Gewissensentlastung zugunsten der Wissenschaft und Forschung keine eingehende Begründung mehr braucht.

Meine Damen und Herren! Die Mittel, die heute notwendig sind, um den Problemen nahe zu kommen, sind, wie der Herr Ministerpräsident schon ausführte, nicht mehr zu vergleichen mit denen, die vor 20 Jahren, geschweige denn zur Zeit von Bunsen oder Hertz als groß galten. Die Forschung hat heute den Charakter eines Wettbewerbs angenommen. Fieberhaft eilt sie von Position zu Position und sucht den Blick in neue unerschlossene Gefilde zu gewinnen, die ihr neue Macht, neue Kräfte und neue Tätigkeit geben. Immer anspruchsvoller werden die Naturwissenschaften in den Mitteln, die ihnen schnellere und genauere Arbeit ermöglichen sollen. Die Ansprüche an die Auflösungsfähigkeit der Forschungsinstrumente, Spektrographen, Übermikroskope oder Röntgenapparaturen treten immer stärker hervor, verbunden mit dem Streben, die Forschungsarbeit von der Auswerte- und Rechentätigkeit und von der subjektiven Beobachtung zu entlasten, um frei von Ballast nach vorn stoßen zu können. Die elektronischen Rechenmaschinen lösen in Stundenfrist, was den Gedankenflug des Wissenschaftlers früher für Monate aufhielt; sie machen jetzt den Weg frei zur Lösung von Problemen, die von den berufensten Forschern ihrer Unabsehbarkeit halber nicht angegangen wurden und daneben bringen sie die praktische Möglichkeit, industrielle langwierige Aufgabenstellungen so zu lösen, daß im Wettbewerb allein schon die Lösung der Terminfrage den Sieg des Projektes begründet.

Die feinmechanische Industrie hat dem Wissenschaftler Handwerkszeug von ungeahnter Leistungsfähigkeit geschaffen, aber schon deutlich erkennbar wird die Gefahr, daß sich die Führung in der Forschung und beim industriellen Wettkampf nur noch auf die wenigen Stellen konzentriert, die die Mittel besitzen, den Fortschritt der meßtechnischen und apparativen Entwicklung jederzeit ausnutzen zu können. Zu dem Mangel an Beschaffungsmitteln tritt hinzu, daß diese auch noch in Devisen aufzubringen sind, denn unsere weltbekannten Firmen haben sich in wesentlichen Fällen noch nicht zur Auflage von Apparaturen entschließen können, an denen das Ausland bereits durch Herstellung großer Serien schwer aufholbare Erfahrungen gewonnen hat.

Und dennoch müssen wir den Anschluß finden, und ich glaube fest, daß wir ihn finden und – was wichtiger ist – das Tempo der Entwicklung aufnehmen können, wenn wir auch die Wissenschaft konsequent unter die Gesetze der Ökonomie stellen. Es ist klar, daß große finanzielle Opfer notwendig sind, um der Wissenschaft erst einmal die Anbahnung eines neuen

Lebensabschnittes zu ermöglichen; es ist ebenso klar, daß dann aber auch der in der industriellen Wirtschaft so groß geschriebene Grundsatz auf die Wissenschaft übertragen werden muß, teuere Anlagen aufs Äußerste auszunutzen. Nun liegt es in der Natur vieler Forschungsvorhaben, daß sie zwar ohne kostbare Apparaturen nicht auskommen, sie aber zeitlich gar nicht ausreichend in Anspruch nehmen können, während Forschungsvorhaben anderer Art nicht vom Fleck kommen und vom Ausland überholt werden, weil ihnen das gleiche Gerät selbst kurzfristig nicht zur Verfügung steht.

Was liegt da näher als der Vorschlag, „Schwerpunkte um Forschungsgeräte" zu schaffen, um die sich jeweils Forschungskreise bilden können, die ganz heterogen zusammengesetzt sein mögen, die aber in ihrer Gesamtheit das Handwerkszeug einer seltenen und kostbaren Apparatur, an die der einzelne nie zu denken wagte, ausnutzen kann. Das Beispiel einer solchen Gruppierung von Forschungsproblemen unterschiedlicher Natur um das Gerät bietet z. B. das Rhein.-Westf. Institut für Übermikroskopie, das seine apparativen Möglichkeiten durch Aufträge von zahlreichen Forschungsinstituten restlos ausgenutzt sieht. Ein zweites Beispiel dieser Art wird hoffentlich bald Leben gewinnen, nämlich ein Institut für Spektroskopie, von dem wir mit Sicherheit die sprunghafte Förderung zahlloser Forschungsaufgaben erwarten. Deutlich zeichnet sich die Notwendigkeit ab, die Zahl solcher Kreise zu erweitern und Röntgenanlagen, Ultraschallanlagen, Rechengeräte höchster Leistung zu Kernen eines neuen Aufschwungs zu machen, aus denen die Wissenschaft und die industrielle Wirtschaft neues Leben ziehen.

Wer die Augen aufmacht, kann schon erkennen, wie dieser Geist der Ökonomie doch allmählich seinen Einzug in die Wissenschaft hält; dies war klar erkennbar, als sich hier in Düsseldorf vor einigen Monaten Wissenschaftler aus ganz weit auseinanderliegenden Fachgebieten trafen, um sich einmal über die Leistungsfähigkeit der mehr akausalen Betrachtungsweise der Großzahlforschung auszusprechen. Es weicht die noch vielfach vorhandene Vorstellung, daß wahre Wissenschaft nur von dem wirklichkeitsfremden Forscher betrieben werden könne, eine Vorstellung, die in dieser absoluten Form übrigens nie zutreffend war; denn viele Männer, denen wir hochtheoretische Grundlagen verdanken, hatten ein durchaus positives und reales Verhältnis zur industriellen Nutzanwendung. Dies wird bestätigt durch die ständige Zunahme der Gemeinschaftsarbeit zwischen Hochschulen und der industriellen Forschung. Diese beiden Partner gehen damit den gleichen Weg des vorbehaltlosen Erfahrungsaustausches, der in den deutschen technischen Vereinigungen schon lange zu nutzbringender Tradition geworden ist.

Aber wesentlich ist das Klima, welches Forschung und Wissenschaft vorfinden, das Verständnis ihrer Wachstumsbedingungen und ihre Anerkennung als eine der Grundlagen des Wohlstandes jedes Volkes. Wenn sich die Spitzen der Regierung unseres Landes mit einer solch ungewöhnlichen und einmaligen Eindringlichkeit, Aufgeschlossenheit und Aufopferung um die Schaffung eines solchen Klimas bemühen, so glauben wir daran, daß die nächste Generation zu der dankbaren Feststellung kommen wird, daß in der Zeit des größten Niederbruchs von weitsichtigen Männern die Grundlagen eines neuen Lebens geschaffen wurden.

Wege der Forschungs-Förderung im Lande Nordrhein-Westfalen

Von Ministerialdirektor Dipl.-Ing. *Leo Brandt*, Düsseldorf

Herr Ministerpräsident!

Meine sehr verehrten Damen und Herren!

Nach den bedeutungsvollen Vorträgen des Herrn Ministerpräsidenten und des Herrn Professor Schenck habe ich für heute nur noch die Aufgabe, Ihnen ganz kurz einiges zu berichten über die Arbeitsmethoden, wie sie uns vorschweben in der Zusammenarbeit zwischen denjenigen Stellen, die Forschung betreiben, dem Staat und der Wirtschaft mögliche Wege aufzuzeigen, die einen guten Wirkungsgrad bei den Bemühungen um die Förderung der deutschen Forschung erreichen lassen.

Erlauben Sie mir, daß ich zunächst einiges ausführe über den Sinn und die Arbeitsart der Arbeitsgemeinschaft für Forschung des Landes Nordrhein-Westfalen, die der Herr Ministerpräsident Arnold vor über einem Jahr ins Leben gerufen hat, und die sich in bisher 12 Arbeitsveranstaltungen nunmehr eng zusammengefunden hat.

Die Arbeitsgemeinschaft für Forschung, deren Arbeitssitzungen unter dem Vorsitz des Herrn Ministerpräsidenten oder von Frau Kultusminister Teusch stattfinden, setzt sich zusammen aus Wissenschaftlern, die im Lande Nordrhein-Westfalen tätig sind, und die den verschiedensten Arbeitsgebieten der Naturwissenschaften, der Medizin, der Ingenieur- und Gesellschaftswissenschaften angehören.

Die Gemeinschaftsarbeit in diesem Kreise beruht darin, daß regelmäßig alle vier Wochen in zwei oder drei Referaten über ein zusammenhängendes Arbeitsgebiet eingehend vorgetragen wird, über den deutschen und ausländischen Stand der Erkenntnisse auf diesem Gebiet berichtet wird, wodurch eine lebhafte Diskussion ausgelöst wird.

Einige der Protokolle, die bisher nur vervielfältigt wurden, jetzt aber einschließlich der wichtigen Diskussionsbemerkungen gedruckt werden, sind den hier anwesenden Damen und Herren vorgelegt worden.

Wenn ich nur einige der Hauptthemen herausgreifen darf, die behandelt wurden, so nenne ich zunächst die Gebiete naturwissenschaftlicher und tech-

nischer Arbeit, die bisher und leider zum Teil heute noch durch alliierte
Verbote beschränkt sind:

        die Atomphysik,
        die Entwicklung der Gasturbinen
   und die Funktechnik kürzester Wellen.

Weitere Themen waren: ausgehend vom Chemismus der Muskelmaschine,
moderne Erkenntnisse auf dem Gebiete der Arbeits- und Ernährungsphysio-
logie, dann Probleme der Hüttenkunde des Eisens und der Nichteisenmetalle,
wichtige Fragen der Forschung in der Landwirtschaft und das Problem der
Rationalisierung. Auch die biologische und medizinische Forschung kam mit
wesentlichen neueren deutschen Arbeiten zu Wort.

Das eingehende Behandeln von Themen, wie ich hier einige ausgeführt
habe, nicht nur im Kreise der engsten Fachkollegen, sondern auch der Wissenschaftler benachbarter und entfernterer Gebiete, kommt ganz offenbar einem dringenden Bedürfnis entgegen. In der Spezialisierung liegt, so notwendig sie auch ist, zweifellos eine große Gefahr unserer modernen Wissensent-
wicklung. Sie gilt es zu mindern. Die Überschaubarkeit mehrerer Wissens-
gebiete erhöht den Wert der eigenen Arbeit beträchtlich, und tatsächlich ist
es so, daß anläßlich der langen Diskussionen, die bisher gepflogen wurden,
gerade auch von ferner stehenden Fachwissenschaftlern wertvolle Hinweise
gegeben und Brücken gemeinsamer Erkenntnis gefunden wurden.

Meine sehr verehrten Damen und Herren!

Wir sind uns alle einig über die dringende Aufgabe, Forschung zu fördern. Herr Ministerpräsident Arnold hat uns aufgezeigt, welche lebenswich-
tige Bedeutung das Ringen um diese Fragen für das deutsche Volk hat. Aber,
ich glaube, daß es recht wesentlich ist, wenn man einen Arbeitskreis über
Forschungsfragen zusammenführen will, daß man nicht nur oder in erster
Linie über organisatorische Fragen der Forschungsförderung spricht, sondern
daß man zur Grundlage eine Arbeitsmethode macht, die im Boden der
Forschung selbst wurzelt. Es muß ein Erfahrungsaustausch und ein gemein-
sames Bearbeiten der vordringlichen Probleme gesichert sein, um dann an
Hand des gewonnenen Materials auch hinsichtlich der Notwendigkeit der
Durchführung neuer Arbeiten oder der Angleichung an den ausländischen
Stand die unvermeidlichen organisatorischen Fragen entscheidungsreif zu
machen.

Die Arbeitsmethodik der Arbeitsgemeinschaft für Forschung wird gekennzeichnet durch die offene Aussprache, nicht nur im Kreise der Wissenschaftler, sondern in Anwesenheit von Mitgliedern der Landesregierung und
derjenigen Beamten, die für die Themen zuständig sind. Die Möglichkeit des
offenen Sichgegenübertretens, der vorbehaltlos freien Behandlung von The-

men auf dem Gebiete wissenschaftlichen Fortschrittes, die zwangsläufig von großer Bedeutung für den Staat und die Entwicklung der Wirtschaft sind, scheint mir einer der echten Vorzüge der demokratischen Staatsform zu sein. In England und Amerika ist diese Arbeitsart auf das kräftigste gepflegt und verbreitet, in dem Deutschland der Jahre von 1933 bis 1945 der Natur der Staatsverfassung nach nur sehr wenig betrieben worden.

Ich habe selbst auf das bitterste erleben müssen, welch ungeheurer Schaden für Staat und Volk dadurch angerichtet wurde, daß wesentliche Themen nicht offen behandelt werden durften, daß nicht nur wegen der viel zu eng gezogenen Grenzen der Geheimhaltung, sondern wegen der Eigensucht von Referenten und anderen zuständigen Amtspersönlichkeiten Fehler von größter Auswirkung gemacht wurden.

Auf einem Gebiet, dem wir uns schon vor dem Kriege zuwandten, das ursprünglich Rückstrahltechnik, später Funkmeßtechnik hieß und das bei den Engländern den Namen Radar erhielt, entstand dadurch furchtbares Unheil, daß maßgebliche Stellen der Kriegsmarine nicht geneigt waren, in einen offenen Gedankenaustausch mit allen denjenigen einzutreten, die auf diesem Gebiete hätten etwas sagen können. Das Ergebnis war, daß unsere U-Boote taub dem Bombentod ausgesetzt waren. Nachdem sie durch einfache Apparate das Radargerät des herannahenden Bombers hören konnten, war der ganze Spuk zu Ende. Später wurden sie durch eigene Funkmeßgeräte auf Zentimeterwellen sehend, konnten ihre Wirkungsmöglichkeit erhöhen und waren vor der Bedrohung aus der Luft gesichert. Die moderne Zentimetertechnik, die es ermöglicht hat, den wichtigsten menschlichen Sinn, das Auge, bis zum Maße des gerechterweise Wünschbaren zu erweitern, es rundumsehen zu lassen, es durch Nacht und Nebel wirksam werden zu lassen, die Entfernungsmeßgenauigkeit unabhängig von der Entfernung zu machen und die Reichweiten zu steigern bis an die Grenze der optischen Sicht, war in Deutschland genauso gut vor dem Kriege vorhanden wie in England. Die Entwicklung wurde trotz der Warnungen des hier anwesenden Herrn Professor Esau bei den Wellenlängen 50 Zentimeter abgebrochen, nachdem außerordentlich zweckmäßige Geräte, die wohl den englischen überlegen waren, entstanden waren, aber dann kam die große Überraschung auf Gebieten, die die Natur sich noch vorbehalten hatte, und die in England mutiger angegangen wurden als in Deutschland. Erst nach den bittersten Lehren wurde es plötzlich möglich, von 1943 an einen freien Erfahrungsaustausch aller maßgeblichen Beteiligten durchzusetzen und in Gremien, wie dem des Beauftragten für die Hochfrequenzforschung und der von mir geleiteten Arbeitsgemeinschaft Rotterdam in vorbehaltlos freier Aussprache die Probleme und Aufgaben nicht nur der Zentimeterwellen zu besprechen, sondern zielbewußt zu bearbeiten. Während des Jahres 1944 wurde das Gebiet der Zentimeterwellen, über das ich sprach, für alle damals denkbaren Anwendungsmöglichkeiten mit großem Aufwand und in einheitlicher Methodik erschlossen und erstaunliche Ergebnisse, sogar bis zum Beginn des Funksehens erzielt, das ermöglichte, erstmalig mit einem Funkstrahl anstatt mit einem optischen Lichtstrahl eine solche Auflösung zu erzielen, daß man auf dem Schirmbild der Braunschen Röhre das Auf- und Niederlassen eines Beibootes an einem Seeschiff erkennen konnte.

Seien Sie mir, meine sehr verehrten Damen und Herren, bitte nicht böse, daß ich ein solches Beispiel hier gebracht habe. Jeder Mensch ist geneigt, auf ernste Erfahrungen aufzubauen, die hinter ihm liegen. Damals vollzog sich in Deutschland in besonders dramatischer Form Unglückliches und schließlich die Abkehr von einer falschen Arbeitsmethodik auf einem besonders wichtigen Gebiet moderner Physik, wodurch dann in wenigen Jahren gute Ergebnisse erzielt werden konnten.

Ich glaube, daß in weitestem Umfange jene freie und offene Aussprache, die autoritäre Regime nicht gerade besonders fördern, notwendig ist, um in unserem Zeitalter der modernen Naturwissenschaften weiterzukommen und gerade diese Methode ist es, der sich die Arbeitsgemeinschaft für Forschung bedient. Indem von gewonnenen Erkenntnissen auch andere unterrichtet werden, die Interesse daran haben können, wird nicht nur der Wirkungsbereich der fachlichen Arbeit erhöht, sondern vor allen Dingen auch vermieden, daß unnütze Doppelarbeit entsteht und mehrere Körperschaften die gleiche Arbeit an verschiedenen Stellen fördern, unter Umständen sogar an der gleichen Stelle, ohne voneinander zu wissen. Dieses Zusammenwirken erscheint mir besonders bedeutungsvoll, wobei von vornherein als wesentlich festzustellen ist, daß jeder Hegemonie-Anspruch, das Herausstellen von Ressortgrenzen unter allen Umständen völlig zurückgestellt werden sollte, um der vorbehaltlosen Erörterung und der Fassung wirkungsvoller Beschlüsse zu dienen.

In diesem Sinne besteht eine enge Zusammenarbeit zunächst einmal zwischen der Arbeitsgemeinschaft für Forschung und dem deutschen Stifterverband, dessen Vorstandsmitglied, Herr Direktor Gummert, eines der besonders geschätzten, immer aktiven und fördernden Mitglieder der Arbeitsgemeinschaft für Forschung, ist. Selbstverständlich ist, daß zwischen allen Ministerien der Landesregierung von Nordrhein-Westfalen und der Arbeitsgemeinschaft für Forschung eine besonders enge, vertrauensvolle Zusammenarbeit herrscht. Diese ermöglicht es, ohne formalistisch überbetonte Beachtung der Ressortgrenzen zusammenwirken zu können, und dies ist in allererster Linie und ganz besonders Frau Kultusminister Teusch zu danken, die in der großzügigsten Weise solche Möglichkeiten der Zusammenarbeit geschaffen hat, nachdem Herr Ministerpräsident Arnold vor einem Jahr die Arbeitsgemeinschaft für Forschung berufen hatte.

Besonders förderlich ist der enge Gedankenaustausch mit derjenigen Stelle, die im Bundeswirtschaftsministerium die Frage der Forschungsförderung behandelt, der Herr Ministerialrat Hinsch vorsteht. Diese Zusammenarbeit zwischen dem Bund und uns, ein gegenseitiges Geben und Nehmen, vervielfältigt durch gemeinsamen Kräfteeinsatz die Wirkungsmöglichkeit und vermeidet jedes unbeabsichtigte Gegeneinander, Doppelarbeit und Fehlleitung.

Die Notgemeinschaft der deutschen Wissenschaft, diese Einrichtung, die aus der Notzeit nach dem ersten Kriege bis heute sich unschätzbare Verdienste erworben hat, ist nicht nur in der Arbeitsgemeinschaft für Forschung vertreten durch den Vorsitzenden ihres Hauptausschusses, Herrn Professor Lehnartz, sondern sie entsendet jetzt regelmäßig ein oder zwei Mitglieder ihrer Leitung zur Mitwirkung und zur Übermittlung gegenseitiger Anregungen.

Daß mit der Max-Planck-Gesellschaft ein enger Zusammenhang besteht, ist so selbstverständlich, daß es kaum besonders erwähnt zu werden braucht. Drei Leiter bedeutender Institute der Max-Planck-Gesellschaft sind Mitglieder der Arbeitsgemeinschaft, die Leiter des Eisen- und des Kohleforschungsinstitutes und des Institutes für Arbeitsphysiologie. Ich darf an dieser Stelle noch erwähnen, daß im Zusammenhang mit der Aufgabenstellung der Arbeitsgemeinschaft für Forschung sich die Technische Hochschule in Aachen der Mühe unterzogen hat, eine Schriftenreihe unter der Bezeichnung „Notwendige Schritte deutscher Technik" herauszugeben, die nach Fertigstellung zunächst etwa 60 Arbeiten umfassen wird und in der versucht werden soll, herauszustellen, was auf vielen Gebieten in Deutschland notwendig ist, um den Vergleich mit dem Ausland halten zu können.

Die Alliierten haben nach 1945 in den von Deutschen verfaßten Biosberichten und ähnlichen Zusammenstellungen vieles aus unseren Forschungsergebnissen und Industrieverfahren herausgetragen, was ihnen zunutze kommen konnte. Diese eben erwähnte umgekehrte Aufgabe für deutsche Wissenschaftler, nicht für das Ausland aufzuschreiben, was diesem von unserer Arbeit frommen kann, sondern niederzulegen, was für uns notwendig ist, sollte in Zukunft ausgebaut werden. Ich könnte mir als sehr nutzbringend vorstellen, wenn die Technische Hochschule Aachen, gewissermaßen als Vorort solcher Bestrebungen, die Mitwirkung weitester Fachkreise zu dauernder Bearbeitung dieses Problemkomplexes gewinnen könnte.

Alle diese Arbeiten des fachlichen Zusammenwirkens, der Herausgabe von Veröffentlichungen usw. muß zwingend ergänzt werden durch Einsatz von

Mitteln für Forschungsarbeiten. Der Landtag Nordrhein-Westfalens hat nicht nur, wie Herr Ministerpräsident Arnold unterstrichen hat, den Kultusetat in erfreulichem Maße ausgebaut, sondern auch einen Betrag zur Verfügung gestellt für die unmittelbare Förderung von Forschungsaufgaben, die der Wirtschaft und Industrie direkt oder indirekt zugute kommen. Ein schwieriges Problem ist der richtige Einsatz dieser Mittel.

Wir haben uns zunächst einmal an Hand der hier rechts und links an der Wand befindlichen Pläne durch die Mitarbeit aller an der Arbeitsgemeinschaft für Forschung Beteiligten einen Überblick verschafft über die Forschungsprobleme auf den verschiedensten Gebieten. Wenn ein Fachspezialist auf diesen Tafeln nur seine Fachsparte ansieht, so mag ihm manches trivial vorkommen. Er kennt seine Welt genau und kann über sein Gebiet mindestens zwei große Tafeln mit Problemen ausfüllen, vielleicht kann er auch noch vom Nachbargebiet rechts und links einiges aufzeichnen, kaum aber den ganzen Überblick bringen. Wieviel weniger ist das nun möglich für einen Referenten im Ministerium, der sich mit der Verteilung von Forschungsmitteln beschäftigen soll. Ein solcher Überblick erscheint uns daher recht zweckmäßig.

Herr Ministerpräsident Arnold hat ferner einzelne Mitglieder der Arbeitsgemeinschaft gebeten, die je ein Fachgebiet vertreten, als Gutachter und Anreger hinsichtlich des Einsatzes von Forschungsmitteln auf ihrem Gebiet tätig zu sein und die Ministerien dauernd zu beraten.

Vor der endgültigen Mittelverteilung steht uns noch ein Ausschuß zur Seite, der die Fragen aus dem Blickpunkt der praktischen Wirtschaft sieht und der aus den Herren Professor Bayer, Direktor Gummert, Dr. Jacobi und Dr. Bischof besteht. Herr Ministerpräsident Arnold hat alle Beteiligten vor einigen Tagen aufgefordert, mitzuwirken an der Herausbildung besonderer Schwerpunkte und dem Heranbringen solcher Anträge, die zur Erfüllung eines Schwerpunktprogrammes zweckmäßig und wichtig sind.

Wenn die Forschungsziele nicht gemeinsam überlegt werden und man dem Zufall die Rolle überläßt, ob jemand von der Verteilung der Forschungsmittel Kenntnis erhält, und deshalb Anträge stellt, dann wäre der Wirkungsgrad der Mittel gering, was um so mehr wiegen würde, weil die Mittel angesichts der Bedeutung der Aufgabe, wie Herr Ministerpräsident Arnold vorhin ausführte, ohnehin schon viel zu gering sind.

Hier setzt jetzt auch der Nutzen ein des Austausches der Pläne und Vorhaben mit dem Bundeswirtschaftsministerium, der Notgemeinschaft und dem Stifterverband. Diese Institutionen haben es sich zur Aufgabe gestellt, Forschung zu fördern; sie sind die wesentlichen Träger dieser Absicht. Wenn Sie sich untereinander gut unterrichten, wenn Sie, ich möchte dieses abgenutzte Wort hier einmal gebrauchen, sich freiwillig koordinieren, kann nutzlose Verwaltungs- und Doppelarbeit verhindert werden und vor allen Dingen der Wirkungsgrad der vorhandenen Mittel wesentlich verbessert werden.

Wir haben gerade in letzter Zeit besonders erfreuliche Ergebnisse in dieser Richtung zu verzeichnen, nicht nur beim Einsatz von Forschungsmitteln, sondern auch bei der wichtigen Aufgabe der Vorplanung und Errichtung neuer Institute.

Wir sind besonders darum bemüht, die Ergebnisse der Forschungsarbeiten, soweit nicht eine dringende Notwendigkeit in der Zurückhaltung aus industriellen Gründen erforderlich ist, durch Veröffentlichung größeren Kreisen zugänglich zu machen. Über jede Arbeit, die durch die Ministerien gefördert wird, ist ein Forschungsbericht in einheitlicher äußerer Form vorzulegen, der im allgemeinen in einer Sonderreihe veröffentlicht wird. Auch in dieser Methodik besteht Übereinstimmung in den Auffassungen zwischen dem Bundeswirtschaftsministerium und uns in Nordrhein-Westfalen, und nicht nur in der Methodik, sondern selbstverständlich im gegenseitigen Austausch.

Meine sehr verehrten Damen und Herren!

Deutschland hat einen furchtbaren Krieg hinter sich. Naturwissenschaft und Technik werden im modernen Krieg noch mehr als in früheren Zeiten in höchstem Maße eingespannt. Trotzdem wäre es völlig falsch, in ein Klagelied über die Dämonie der Technik und ihrer möglichen Verwendung zur Vernichtung auszubrechen, denn, ob die Werke menschlichen Forschungsgeistes der friedlichen Anwendung oder der kriegerischen dienen sollen, das ist nicht eine Frage der Naturwissenschaftler und Ingenieure, sondern der Politiker, die über Krieg und Frieden zu entscheiden haben.

In dem hinter uns liegenden Kriege wurden viele Fehler auf dem Gebiete von Forschung und Technik gemacht, trotzdem aber auch Außerordentliches geleistet, und die deutsche Technik in vielen Einzelpunkten an die Spitze der Weltentwicklung gebracht. Insgesamt gesehen war die Einsatzbereitschaft aller Beteiligten bei den Forschungs- und Entwicklungsarbeiten in wissenschaftlichen Instituten und in der Industrie sehr groß. Warum sollten wir nicht in gemeinsamem Streben in mindestens dem gleichen, besser aber in größerem Maße zusammenwirken, uns anstrengen und uns einsetzen für das Werk des Friedens, das vor uns liegt.

Etwas weniger Streit und etwas mehr Gemeinsinn dürften der heutigen Lage Deutschlands in hohem Maße dienen. Auf keinem Gebiet aber können sich bei dieser Haltung Früchte eher zeigen und keines ist seines inneren ethischen Gehaltes halber so geeignet für gemeinschaftliches Wirken wie das Gebiet der Forschung, das hier heute behandelt worden ist. Wir sollten alles

tun, um die Methoden der Gemeinschaftsarbeit zu verbessern. Der Gedanke
der Rationalisierung und Ordnung der Arbeitsverfahren ist nicht nur bei der
Massenfertigung in der Fabrik dringend notwendig und sollte in Deutschland viel intensiver gepflegt werden, als es zur Zeit üblich ist, er ist in über-
tragenem Sinne auch von wesentlicher Bedeutung für das organisatorische
Zusammenwirken auf dem Forschungsgebiet. Wir bitten alle, die hier an-
wesend sind, zusammenzustehen, etwa sich auftuende Ressortgrenzen immer
wieder niederzulegen und in bester Kameradschaft bei den großen uns allen
gemeinsam gestellten Aufgaben zusammenzustehen.

GPSR Compliance
The European Union's (EU) General Product Safety Regulation (GPSR) is a set
of rules that requires consumer products to be safe and our obligations to
ensure this.

If you have any concerns about our products, you can contact us on

ProductSafety@springernature.com

In case Publisher is established outside the EU, the EU authorized
representative is:

Springer Nature Customer Service Center GmbH
Europaplatz 3
69115 Heidelberg, Germany